健康蔬果系列 **2** 馬鈴薯的秘密

你喜歡 馬 鈴 薯 嗎？

用馬鈴薯做的菜式很多。

例如有炸薯條、馬鈴薯咖喱、炸薯餅、

燉馬鈴薯、炒馬鈴薯和焗馬鈴薯等等。

有些國家還會以馬鈴薯作為主食。

如果沒有馬鈴薯，

大家一定會感到很頭痛呢。

4

馬鈴薯營養豐富！

馬鈴薯含有豐富的維他命 C。

所以，多吃可以強身健體，連感冒也不怕，
甚至還可以令皮膚漂亮呢。

但最屬害的是，就算用熱水來煮馬鈴薯，
它大部分的維他命 C 也能保存下來呢。

馬鈴薯的種類很多。

只要吃吃看，就能分辨出它們的不同。

是又軟又香呢？

還是黏黏糊糊的？

其實兩種都很好吃的啊。

馬鈴薯 還有不同的顏色。

例如，外皮和果肉有橙色的、
也有紅色的、甚至是紫色的呢。
有顏色的馬鈴薯與黃白色的馬鈴薯
有什麼分別呢？
據說，這些顏色中含有的成分，
還有防癌的作用*呢。

（＊抗氧化作用。）

讓我們細心觀察一下馬鈴薯吧。

馬鈴薯表面凹凹凸凸。

細心看的話，會發現有很多個凹陷處。

這些凹陷處叫「芽眼」。

馬鈴薯的外面被粗糙的皮包着，

皮的背面分開幾層，我們統稱它們為表皮。

把馬鈴薯切開時，可看見果肉水分豐富，

有時看起來更會顯得晶瑩通透。

細心觀察它的切面，

可看到一個連接着芽眼的圈圈。

這是輸送水和養分的通道。

芽眼長在什麼地方？

用紅筆圈起芽眼的話……

會發現它們大部分都集中在一邊。

這些芽眼究竟有什麼用呢？

芽眼長出了芽！

在芽眼中，原來聚集了很多小芽。
當這些小芽長得愈來愈高後，
就會生出長長的根來。
這時，它就可以成為「種薯」了。

原來，馬鈴薯不是由種子或苗種出來的，
它是由種薯種出來的。

讓我們來嘗試種植
馬鈴薯吧。

把種薯切開一半，然後埋在泥土中，
它的芽和根就會伸延開去，不斷成長。
接着，在莖的末端上，
會長出樹枝似的東西。
咦？咦？它的前端脹起來了。
啊，這就是馬鈴薯小寶寶了！
原來馬鈴薯不是長肥了的根，
它是長肥了的莖啊。

開出了 好美麗的花。

馬鈴薯的花很漂亮。

不過，花的顏色和形狀

會因品種而略有不同。

在以前，據說歐洲的貴婦們

還愛用它們來裝飾禮服和頭髮呢。

果實

種子

馬鈴薯也有果實！

其實，馬鈴薯在長出花後，還會結果。
看起來，它們有點像番茄呢，
但這些果實不能吃啊。
馬鈴薯中也有不會結果的品種，
和果實沒長大就掉下的品種。
如果你能看到馬鈴薯的果實，
是非常幸運啊。

是 收成 的時候了！

在泥土中，竟長出了這麼多新的馬鈴薯。
當初埋下的種薯已枯萎，幾乎看不見了。
原來，一個種薯可以種出
超過 15 個馬鈴薯呢！

有時，還會長出綠色的馬鈴薯。
這是因為馬鈴薯暴露在泥土上面，
在陽光照射下產生了毒素。
所以，這些綠色的馬鈴薯
是絕對不能吃的。

馬鈴薯是在什麼地方誕生的呢？

據說，馬鈴薯是在南美洲中央安第斯高原
誕生的。在海拔 3500 米高的地區，
現在還可看到野生的馬鈴薯。
在距今約 500 年前，馬鈴薯已傳到歐洲了。
可是，由於人們以前未見過馬鈴薯，
所以食用馬鈴薯的風氣一直未能普及。
過了 200 年左右，由於糧食短缺，
人們才開始種植馬鈴薯呢。
之後，由於馬鈴薯在又冷又瘦的土地上
都能生長，所以很快普及起來了。

來吃美味的 馬 鈴 薯 吧！
簡單的薯片

不用油炸，健康又美味！

材料　馬鈴薯　分量隨意　鹽　少許

做法：

❶ 把馬鈴薯去皮，並用切片器切成薄片，再用水沖一下。

❷ 在耐熱碟上鋪上烘焙紙，抹乾馬鈴薯片後置於碟中，並撒一點鹽。

❸ 用微波爐加熱 3 分鐘，然後把薯片反轉，再加熱 3 分鐘，看到薯片變得乾和脆了，即成。

＊加熱時間要依馬鈴薯的種類、大小，和微波爐的機種而調節。加熱時要注意薯片的顏色，以防過熱燒焦。

＊製作時須家長陪同。

來吃美味的 馬 鈴 薯 吧！
薯餅年糕

彈牙又美味的薯餅

材料			
馬鈴薯	中型 2 個 （約 200g）	A 片栗粉* 90g 水 50ml	B 豉油 適量 砂糖 適量
沙律油	少許	鹽 一撮	

做法：

❶ 把馬鈴薯去皮，並切成一口大小，置於沸水中煮至軟。然後，趁熱將之磨成薯蓉，並加進 A 不斷搓勻。最後，搓成粗棒狀後，用保鮮紙包好，放在冰箱中 1 個小時。

❷ 將①切成 1cm 厚，在平底鍋中放沙律油，把兩面煎至金黃色。

❸ 用火把 B 加熱至溶化，塗在②上作調味。

＊製作時須家長陪同。　　＊片栗粉即是用馬鈴薯澱粉製成的粉。

一起來做個 實 驗 吧！

把磨成蓉的馬鈴薯肉，用紗布包起，
放在水中洗涮，製成馬鈴薯水。
把這些馬鈴薯水放一會兒後，
會看到澱粉沉澱下來。
將表面的水倒掉，再注入清水，
一會兒後，再倒掉表面的水。
然後，就能沉澱出白色的澱粉了。
這些澱粉乾透後，就是馬鈴薯粉了。

這個實驗用的是紫色的馬鈴薯，
但澱粉卻是全白色的。

健康蔬果系列 **2** 馬鈴薯的秘密

著：真木文繪

繪/攝影：石倉裕幸

翻譯：厲河

編輯：盧冠麟、郭天寶
美術設計：葉承志

出版
匯識教育有限公司
香港柴灣祥利街9號祥利工業大廈2樓A室

承印
天虹印刷有限公司
香港九龍新蒲崗大有街26-28號3-4樓

發行
同德書報有限公司
九龍官塘大業街34號楊耀松（第五）工業大廈地下
電話：(852)3551 3388 　　傳真：(852)3551 3300

台灣地區經銷商
永盈出版行銷有限公司
電話：(886)2-2218-0701 　　傳真：(886)2-2218-0704
地址：新北市新店區中正路499號4樓

版權獨家所有　翻印必究
未經本公司授權，不得作任何形式的公開借閱。

第 1 次印刷發行 　　　　　　　　　　　　　　　2017 年 10 月

網上選購方便快捷　購滿$100郵費全免
詳情請登網址 www.rightman.net